Sonja Eser, Michael Leube (Hrsg.)

Circular Design in der Praxis
Strategien und Konzepte zur Gestaltung der neuen, regenerativen Kreislaufwirtschaft

Bibliografische Information der Deutschen Nationalbibliothek:
Die Deutsche Nationalbibliothek verzeichnet diese Publikation in der Deutschen Nationalbibliografie; detaillierte bibliografische Daten sind im Internet über dnb.dnb.de abrufbar.

© 2017 Fachhochschule Salzburg GmbH
   DE|RE|SA Design Research Salzburg

© 2017
   Herstellung und Verlag: BoD – Books on Demand, Norderstedt.

ISBN: 9783744856812

Circular Design in der Praxis

Strategien und Konzepte zur Gestaltung der neuen, regenerativen Kreislaufwirtschaft

Sonja Eser, Michael Leube (Hrsg.)

Quellen

Eine systemtheoretische und daoistische Betrachtung
unternehmerischer Kernprozesse, Thomas J. Vlk
http://unipub.uni-graz.at/obvugrhs/content/titleinfo/224498

Internationales Forum des Daoismus konzentriert sich auf Umwelt,
China Internet Information Center
http://german.china.org.cn/culture/txt/2011-10/25/content_23719659.htm

Daoism and Environment Protection,
Chen Xia, Institute of Religious Studies, Sichuan University
http://www.crvp.org/conf/istanbul/abstracts/chen%20xia.htm

The Role of Daoism in Environmental Ethics in China,
Karolina Epple, General University Honors
http://aladinrc.wrlc.org/bitstream/handle/1961/9274/Epple,%20Karolina%20
-%20Fall%20'09%20%28P%29.pdf?sequence=1

Text zusammengestellt von Marlene Arabjan, Anna Dettendorfer, Valentina
Auer und Sarah Gaier

»Im Daoismus gilt „sowohl als auch".«

»Bipolarität erzeugt Energie.«

»In der Natur gibt es keinen Stillstand.«

»Die Natur bewegt sich in Kreisläufen.«

»Bipolarität, Dynamik und Kreisläufe sind wichtige Voraussetzungen für das Entstehen von Vielfalt.«

»Der Daoismus lehrt, auf alles zu verzichten, was nutzlos oder nicht im Sinne des Lebens mit der Natur ist.«

Workshop Design für Vielfalt

Arndt Pechstein, Thomas Vlk, Alexander Petutschnigg

Alexander Petutschnigg ist Professor und Leiter des Studiengangs Holztechnologie und Holzbau (HTB) an der Fachhochschule Salzburg. 2005 erhielt er den Christian Doppler Preis in »Technische Wissenschaften einschließlich Umweltschutz«. Seit 2009 ist er Adjunct Professor an der University of Tennessee und seit 2010 an der Universität für Bodenkultur in Wien habilitiert.

Design Challenge Life-Centred Innovation

Die Aufgabe des Workshops lautete wie folgt: Entwerfen Sie ein innovatives Wandkonzept für Wohn- oder Bürogebäude, welches in Bezug auf Energienutzung bzw. Speicherung, Ressourcennutzung und Kreislaufführung verbesserte Eigenschaften besitzt und gleichzeitig Tier- und Pflanzenarten gezielt fördert z. B. durch die Herstellung, Nutzung oder Rückführung der Materialien.

Kriterien für Design von der Natur gelernt - Alexander Petutschnigg

„Wenn wir nur imitieren, wird es nicht gelingen, denn dann nehmen wir nur eine Funktionalität heraus".

„Die Natur bietet interessante und schadstofffreie Baumaterialien für viele Belange - weitere Forschung ist wichtig!"

„Vielleicht sind Gebäude der Zukunft nicht statisch, sondern veränderbar."

Designkriterien aus dem Daoismus - Thomas Vlk

Natur ist ein dynamisches lebendiges System. Folgende Prinzipien helfen, dies im eigenen Design zu berücksichtigen:

1. Immer die Vor- und Nachteile der Lösungen und Teilschritte bedenken (Polarität), auch in welchen zeitlichen Dimensionen diese auftreten können.

2. Natur oszilliert immer, es gibt nichts ewig Statisches. Sie oszilliert langsam in Zeiträumen von Millionen oder Milliarden Jahren oder schnell in Nanosekunden. Für Design ist es interessant zu sehen, wie sich Dinge verändern können, und zwischen welchen Polen sie sich verändern können.

3. Anpassungsfähigkeit berücksichtigen: Etwas entwickeln, was sich an eine größere Bandbreite von Rahmenbedingungen anpassen kann.

Kriterien aus der Biologie für nachhaltiges Design - Arndt Pechstein
1. Multifunktionalität und Ressourceneffizienz: Materialien verwenden, die für viele Zwecke einsetzbar sind.
Beispiel aus der Natur - das Chitin: Dies ist das zweithäufigste Polymer nach Cellulose und findet vielfältigen Einsatz. Es bildet den Panzer eines Käfers, ist aber auch in Zellwänden von Pilzen oder dem Perlmutt von Muscheln zu finden. Auch die blaue Farbe eines Schmetterlings-Flügels wird durch Chitin gebildet - tannenbaumartige Schuppen im Flügel bilden eine Strukturfarbe, die durch die spezielle Lichtreflexion und Absorption die Farbe blau ergibt, aber auch rot oder grün bilden kann.

2. Information und Struktur nutzen statt neuem Material: Die blaue Farbe des Schmetterlingsflügels ergibt sich wie gezeigt nur aus der Struktur des Chitins, es ist kein neues Material nötig.

3. Form follows function: Die Gestaltung richtet sich aus an der multifunktionellen Nutzung. Beispiel die Form eines Eis: es ist atmungsaktiv und gleichzeitig durch die Form stabil.

4. Kollaboration nutzen
Im Gegensatz zu unserem Wirtschaftsmodell, welches auf Konfrontation und Konkurrenz beruht, ist Kollaboration in der Natur weit verbreitet. Das Optimum ist die Symbiose - hier entstehen für beide Seiten Vorteile.

5. System statt Einzellösung schaffen

6. Wert schaffen: Aktiv gut sein, auch für andere Organismen, für die Umgebung. Beispiel Baum: Dieser schafft Lebensraum.

7. Nutzen lokaler Ressourcen sowie lokal angepasster Lösungen.

8. Optimierung statt Maximierung.

9. Zyklische Prozesse gestalten.

10. Grüne Chemie: Wiederverwendbare, schadstofffreie Materialien nützen.

Ergebnisse
1. Grüne Wände am Ausgang des Krankenhauses: Eine positive, gute Atmosphäre schaffen. Mit gesunden Bakterien eine Pufferzone an der Schnittstelle zwischen innen und außen schaffen, wo Sterilität schlecht zu gewährleisten ist. Die entlassenen Patienten werden mit gesundheitsfördernden Bakterien wieder langsam angeimpft.

2. Modularer Lagerraum
Lagerbestände verändern sich ständig. Die Lösung: Wände als Kreis verschieben um den Raum kleiner oder größer zu machen.
3. Kubus im Büro mit eigenem Mikroklima: grünes Habitat in dem Feuchtigkeit zirkuliert
4. Pflanzkasten in Fensterläden
5. Luftreinigung an Wänden als Mosaik-Module: reinigt die Luft von Feinstaub.

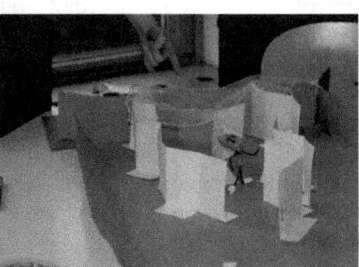

Fazit
Die Projektskizzen des Workshops integrieren Pflanzen und Bakterien und bemühen sich darum, mehr Lebensraum für diese zu schaffen. Sie zeigen Ideen auf, wie der Mensch näher mit anderen Lebewesen zusammenrücken kann. Es war eine vorsichtige erste Annäherung.

Teilnehmer im Interview
„Circular Economy ist ein Leben ohne Abfall"

„Was passiert weiter? Diese Denkweise schon im Kindergarten anfangen zu lehren."

„Ecodesign und Recycling hat mich dazu bewegt, Industriedesign zu studieren."

„Wir sollen die Dinge so konstruieren, dass man sie in diesen Kreislauf wieder zurückführen kann."

Circular Design in der Praxis
IV Die Welt verändern mit Design?

IV Die Welt verändern mit Design?

Sonja Eser

Hat man als Gestalter also die Möglichkeit, Produktentwicklung zu verändern? Oder ist man eingebunden in die herrschenden Zwänge, die die eigenen Gestaltungsmöglichkeiten stark limitieren? Darum ging es in den beiden Diskussionsrunden der Konferenz.

Die Möglichkeit, Lösungen zu finden, besteht. Der Designer kann, wie in den vorangegangenen Kapiteln an vielen Beispielen gezeigt, die Art und Weise verändern, wie Produkte entwickelt werden. Fakt ist, dass heute viel mehr produziert und gekauft wird, als gebraucht wird. Eine wesentliche Aufgabe des Designs ist es heute also auch, Produkte so interessant zu machen, dass der Konsument sein altes Produkt entsorgt und sich ein Neues holt.
Es ist wichtig, diesen Widerspruch zu klären, richtet man sein Augenmerk, wie in dieser Konferenz geschehen, verstärkt auf die ökologische und soziale Probleme der Welt. Schaut man hin, so sind Lösungen für diese vielen Problemfelder gefordert - benötigt werden qualitativ hochwertigere, gesunde, langlebigere Produkte. Es braucht nicht nur technische Lösungen, sondern auch Änderungen in der wirtschaftlichen und sozialen Praxis. Immer mehr wird diskutiert, dass eine Lösung sich keineswegs in ein neues Produkt oder Produktion umsetzen muss, sondern Nutzungsinnovationen wie Produkt-Service-Systeme vor Materialrecycling kommt, Umformen von Bestehendem vor der Neuproduktion.

Kann es dem Designer gelingen, sich aus der kapitalistisch orientierten Produktionswelt zu emanzipieren, um andere Produkte zu entwerfen und die eigene Verantwortung wahrzunehmen? Dazu ist der Blick auf das eigene System, die eigene Weltanschauung so wichtig wie nie, um all die Schwierigkeiten zu erkennen, mit denen man konfrontiert ist und die sich sonst hinter blinden Flecken verbergen.
Eine wichtige Aussage in den Diskussionen war, seine persönliche Handlungsfähigkeit zu bewahren. Dazu bedarf es, die Problemstellungen auf so kleine Schritte herunter zu brechen, bei denen man selbst durch sein Handeln etwas beeinflussen kann. Viele Beispiele der Konferenz machen Mut dazu, da sie zwar nicht einfach, so doch aber in einem überschaubaren Zeitraum umsetzbar waren und aktive Handlungsmöglichkeiten aufzeigen. Es ist also möglich, sich als Designer und Gestalter an der Entwicklung von positiven möglichen Zukünften zu beteiligen.
In den Diskussionen wurde aber auch klar, dass es genauso entschlossene Unternehmer braucht, die bereit sind, andere Produkte auf den Markt zu bringen, wie es die Konsumenten am Ende der Entwicklungen braucht, die diese Produkte dann auswählen. Und wichtig ist zweifelsohne die Unterstützung seitens der Politik, wie es sich die EU-Politik mit dem Circular Economy Package vorgenommen hat.

Emanzipation des Designs
Rudolf Greger, Michael Leube

Rudolf Greger ist Gründungspartner von GP designpartners , Wien. Er beschäftigt sich seit 1987 damit, durch Design das Leben der Menschen zu verbessern. Heute zählt er zu Österreichs Kompetenzführern für Servicedesign und Designmanagement und als ausgewiesener Experte für strategisches Design und innovative Denkkonzepte.

Im „Fishbowl"-Diskussionsformat diskutieren Rudolf Greger und Michael Leube, die Teilnehmer der Konferenz konnten allerdings an dem Gespräch teilnehmen. Anders als bei herkömmlichen Diskussionsrunden müssen sich die Teilnehmer an den Tisch dazusetzen und können dann wieder an den ursprünglichen Sitzplatz „zurückschwimmen". Der folgende Text ist eine Zusammenfassung die wichtigsten Punkte, die von Rudolf Greger und Michael Leube besprochen wurden und eine Liste der prägnantesten Wortmeldungen der Teilnehmer an dem Tisch.

Wie können in Zukunft das Design und die Entwicklung von Produkten in der Praxis sinnvoll umgesetzt werden?
Für Leube und Greger muss die Grundlage für kreislaufähiges und innovatives Design das unternehmerische Gestalten sein. Einerseits befinden wir uns momentan in einer äußerst kapitalistischen und von der Wirtschaft gesteuerten Welt, in der der Handlungsspielraum von Designern stark eingeschränkt ist. Andererseits möchten und sollten Designer eigenverantwortlich handeln. Das funktioniert aber selten, weil unser wirtschaftliches System auf andere Interessen ausgelegt ist und dies somit nicht zulässt. Rudolf Greger sieht die Anwendung der Kreislaufwirtschaft insgesamt in der Verantwortung des Menschen: „Ich halte das für sehr wichtig, dass wir darauf hinweisen, es geht nicht darum die Natur zu retten, sondern es geht darum unseren Lebensraum, unser Überleben zu sichern."[1]
Welche Rolle könnte der Designer also in Bezug auf Circular Design haben? Welche Chancen gibt es, nachhaltige und sinnvolle Designs umzusetzen und wie kann sich der Designer in einer solchen Welt emanzipieren, damit er unabhängig von den Zwängen von Marketing und Kapitalismus agieren kann? Im Moment wird in der Welt des Designs noch sehr viel Potential in Oberflächlichkeit verschwendet, prägnant in dem folgenden Zitat aus dem Manifest von Hella Jongerius und Louise Schouwenberg zusammengepasst: „Was die meisten Design-Events gemeinsam haben, sind die Präsentationen eines deprimierenden Füllhorns an sinnlosen Produkten, kommerziellen Hypes und leerer Rhetorik."[2] Michael Leube geht noch weiter, indem er einen Vergleich mit dem ältesten Gewerbe der Welt aufstellt. Demzufolge wäre Marketing der Zuhälter, Design die Prostituierte und der Freier wäre der Käufer.

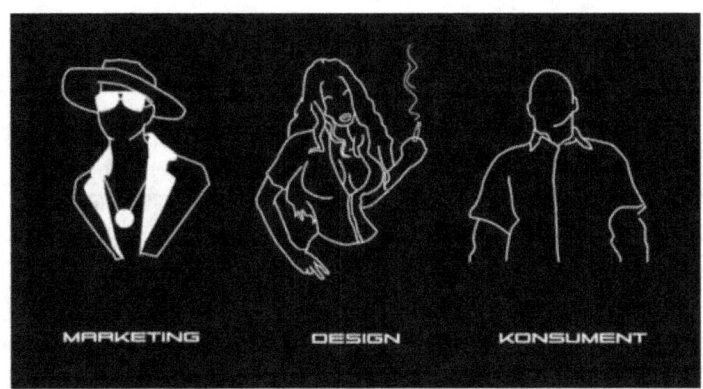

Quelle Franzisca Sadlo, Melanie Regert

Marketing missbraucht die Ästhetik der Oberfläche, um den Konsumenten an Produkte zu binden und sie unentbehrlich zu machen. „Wie manipuliere ich Leute und schaffe neue Bedürfnisse?" ist der Grundgedanke, auf dem Marketing aufbaut. Völlig außer Acht gelassen wird dabei, was das eigentliche Problem ist. Laut Michael Leube ist McDonalds ein geniales Beispiel, was Marketing betrifft. „Eigentlich versteht doch McDonalds den Menschen richtig gut (…) Marketing ist absolut genial und man kann sehr viel von ihnen lernen, weil sie seit Jahrzehnten die Menschen manipulieren. Sie haben aber nicht das Problem zuerst angeschaut und nicht überlegt, wenn ich ganz viel Zucker und Fett verkaufe, dass ich dann vielleicht Diabetes verursache. Das ist der springende Punkt, wir müssen die Manipulation ändern."[3] Nach Greger braucht es dazu vor allem Bildung, die zum scharfen Denken anregt. Dann würden die Leute eigenverantwortlicher handeln und die Manipulationen entlarven können.[4]

Architekt und Professor für Designtheorie an der Hochschule für bildende Künste in Hamburg, Friedrich von Borries postuliert, dass der Gestalter die Möglichkeit hat die bestehende Welt zu verändern, indem er sich in Forschung und Gestaltung mit politischen Fragen wie gesellschaftliche Transformation in Zeiten von wachsender ökonomischer Ungleichheit, Umweltzerstörung und Klimawandel, Überwachungstechnologien und antidemokratischer Sicherheitspolitik auseinandersetzt.[5] Der Designprozess besteht nicht darin, Dinge neu zu erfinden und unnötig innovativ werden zu lassen. Stattdessen sollte beim Problem angesetzt und dafür eine Lösung gefunden werden. Im schon erwähnten Manifest von Hella Jongerius und Louise Schouwenberg wird die Obsession der Designer zum Neuem kritisiert und eine dringende Änderung der Mentalität gefordert.

„Es ist absurd und arrogant, den Design-Prozess mit einem leeren Blatt Papier zu beginnen. Kulturelles und historisches Bewusstsein sind in die DNA jedes lohnenden Produktes gewebt."[6]

Design, welches sich an den Prinzipien der Kreislaufökonomie orientiert, verlangt auch nach einem gesunden Hausverstand. Wir Menschen sind die Einzigen, die Müll produzieren und sollten langsam erkennen, dass immer mehr Abfall entstehen wird, wenn wir so weitermachen wie bisher. Es muss eine Veränderung durchgesetzt werden und jeder Einzelne - Designer wie auch Konsument - muss sein Leben neugestalten. Es geht nicht darum die Natur zu retten, sondern es geht darum unseren Lebensraum zu sichern und dabei auf nichts verzichten zu müssen. Dies muss in einer Weise vonstattengehen, ohne in den Lebensraum einzugreifen und ihn zu zerstören.[7]

Wo hat der Designer nun Chancen anzusetzen?
Nach Hella Jongerius und Louise Schouwenberg muss der Herstellungsprozess von Industrieprodukten von Grund auf geändert werden. Die Handarbeit, die darin steckt, sollte sichtbar werden.[8] Laut Designphilosoph Jonathan Chapman ist es sehr einfach, einen Toaster zu entwerfen und zu produzieren, der zwanzig Jahre lang hält. Was jedoch nicht so einfach ist, einen Toaster zu entwerfen, den man auch 20 Jahre behalten will. In den westlichen Industrienationen sind wir es nicht gewohnt, Produkte so lange zu benutzen oder zu behalten, da die Industrie sehr stark darauf hinarbeitet, dass immer wieder Neues konsumiert wird.[9] Deshalb sollte der Kern aller Designprozesse folgende (ethische) Frage beinhalten: „In welcher Welt wollen wir leben?"[10] Politische, ökonomische, ökologische und kulturelle Rahmenbedingungen sollten die Gestaltung bestimmen. Und der Designer sollte niemals vergessen, dass er durch sein Schaffen und seine Produkte in die gelebte Umwelt eingreift.

Ein wesentliches Handlungsprinzip sollte sein, immer ein Gleichgewicht aufrecht zu erhalten und die Ausbeutung von Ressourcen zu vermeiden. Eine kreislaufförmige Ökonomie ist der Gegensatz zur linearen Ökonomie. Das heißt: Wir wollen auf einer Wirtschaft aufbauen, die auf einem Kreislaufsystem basiert. Oberstes Ziel muss sein, keine Abfälle zu produzieren und auch keine Ressourcenverschwendung zu initiieren.[11] Für Hella Jongerius und Louise Schouwenberg ist die Suche nach Kontexten, nach Verbindungen zwischen Gegenwart und Geschichte die einzige Art, wie Produktdesign heute noch entstehen kann. „Wir können uns keine Egotrips mehr leisten. Die Frage, die junge Designer beantworten müssen, ist: „Was könnt ihr der Welt noch hinzufügen, wo es doch schon zu viel gibt?" Der Designer sollte sein Schaffen nicht mehr abhängig von Trends und Verkaufszahlen machen. „Wir Designer haben eine Verantwortung. Wir müssen Produkte entwerfen, die länger halten als nur ein paar Jahre."[12]

Friedrich von Borries hat hierzu fünf Leitsätze aufgestellt, nach denen sich ein Designer orientieren kann.

1. KÄMPFE GEGEN DICH SELBST
Wie wir unser Leben gestalten, ist geprägt von der Logik der Akkumulation, der Profitmaximierung und des Wachstums. Kampf gegen den Kapitalismus ist Kampf gegen sich selbst.

2. NUTZE DAS SYSTEM
Die Kritik muss aus dem System selbst heraus erfolgen. Missbrauche die Logik von Marketing und die Ästhetik der Oberflächen, um neue, gegenläufige Begierden zu schaffen.

3. SCHAFFE FREIRÄUME ZWISCHEN REALITÄT UND FIKTION
Kein anderer sozialer Raum ist derart ökonomisiert und den unerbittlichen Gesetzen des Markts unterworfen wie der der Kunst. Lasse die Fiktion Wirklichkeit werden und fiktionalisiere die Realität.

4. INTERVENIERE IN DEINE WIRKLICHKEIT
Widersetze dich den Hilflosigkeitssuggestionen. Verändere deine Wirklichkeit. Denn keiner ist in einem System glücklich, welches sich selbst kanibalisiert.

5. ES GIBT KEIN RICHTIGES LEBEN IM FALSCHEN
Der Traum vom richtigen Leben pflanzt in uns ein Bild der Unzulänglichkeit ein. Denn der Traum vom richtigen Leben ist Teil des Unterdrückungsapparates. Kämpfe gegen das Falsche. [13]

Fazit der Diskussion
Letztendlich sollte nicht nur der Designer, sondern auch der Konsument Mitgestalter und Teilnehmer am Aufbau einer aktiven Kreislaufwirtschaft sein. Wenn wir solche Anreizsysteme schaffen, steigt die Wahrscheinlichkeit, dass jeder im Sinne der Kreislaufökonomie handelt. Michael Leubes Vision ist es, dass Design sich emanzipieren muss. Die Rolle des Designs muss umgedreht werden, denn Marketing, Wirtschaft und kapitalistische Denkstrukturen dürfen nicht mehr Macht über den Konsumenten und auch nicht über den Designer haben.[14]
Rudolf Greger formuliert die Verantwortung, die wir alle in uns tragen so: „Menschen handeln - ein Axiom - selbst wenn der Mensch nicht handelt, handelt er doch, indem nicht gehandelt wird."[15]

Quellen

[1] Greger, R. (2015): Persönliches Interview. Kuchl, 14.11.2015.

[2] Jongerius, H. ; Schouwenberg L. (2015). Beyond the new - a search for ideals in design. URL: http://www.jongeriuslab.com/news

[3] Leube, M. (2015): Persönliches Interview. Kuchl, 14.11.2015.

[4] Vgl. Greger, R. (2015)

[5] Von Borries, F. (2015). URL: http://www.friedrichvonborries.de/de.

[6] Weissmüller, L. (2015): Jenseits von Blau. Süddeutsche Zeitung, S. 57.

[7] Vgl. Greger, R. (2015)

[8] Weissmüller, L. (2015): Jenseits von Blau. Süddeutsche Zeitung, S. 57.

[9] Vgl. Davis, E. (2013): What is ‚emotionally durable' design?, broadcast on BBC Radio 4's Today Programme.

[10] Vgl. Greger, R. (2015)

[11] Vgl. Leube, M. (2015)

[12] Weissmüller, L. (2015): Jenseits von Blau. Süddeutsche Zeitung, S. 57.

[13] Von Borries, F (2015). RLF (Manifest). URL: http://www.friedrichvonborries.de/de/projekte/rlfmanifest

[14] Vgl. Leube, M. (2015)

[15] Vgl. Greger, R. (2015)

Fishbowl-Diskussion
Teilnehmer der Konferenz

Es wurden folgende Kernaussagen von den Teilnehmern der Diskussiongetroffen, die wichtig für das Verständnis von Circular Design sind und die in unseren Augen eine wichtige Relevanz für Designer und Konsumenten haben:

„Eine Wirtschaft aufzubauen, die auf einem Kreislaufsystem basiert mit dem Ziel, keine Abfälle zu produzieren: Dafür brauchen wir Selbstverantwortung der Konsumenten, integere Designer und Manager und mutige Unternehmen."

„Die Verantwortung von Design liegt darin zu sagen, ich mach nicht das, was du willst, sondern ich versuche herauszufinden, was du brauchst."

„Designer werden sehr oft als die zuletzt Kommenden in der Kette angesehen, als die, die nur die Oberfläche behandeln. Man muss erkennen, dass Design viel substantieller eingreifen kann und die Möglichkeit hat, große Veränderungen zu bewirken."

„Als Designer glaubt man oft ein Ergebnis abliefern zu müssen, dass sich vermarkten lässt, anstatt Raum dafür zu lassen, was ein Produkt wirklich leisten muss und in die Tiefe zu gehen."

„Das Bildungssystem muss einer Veränderung unterzogen werden, da es bis heute nicht die Prinzipien der Circular Economy integriert. Bisher lautet das Motto: „Rette die Welt in deiner Freizeit."

„Kommunikation ist das Wichtigste! Wir sollten unsere Kräfte bündeln!"

Design in Transformation

Magnus Fischer, Harald Gründl, Josef Scheinast, Auwi Stübbe

Magnus Fischer ist Absolvent der Fachhochschule Salzburg, studierte von 2006 - 2009 in Kuchl Design & Produktmanagement und machte seinen Masterabschluss 2012. Danach begann er beim Designbüro Mutter in Hamburg, deren Geschäftsführer als C2C Design Consultant zertifiziert ist. Dort arbeitet er an der Schnittstelle zwischen Design, Marktforschung und Beratung.

Auwi Stübbe ist einer der Wegbereiter des Designstandortes Coburg, er ist 1. Vorsitzender des Coburger Designforums Oberfranken, welches er 2001 mitbegründet hat. Seit Jahren treibt er intensiv das Thema Cradle to Cradle in der Region Coburg voran. Über 30 Jahre war er Professor, Schwerpunkt Innenarchitektur, an der Hochschule Coburg. Er engagiert sich intensiv für die Erhaltung von lokalem Handwerk, u. a. als Vorsitzender des Innovationszentrums Lichtenfels, welches eine Werkstatt für innovative Experimente im Handwerk anbietet. Ferner arbeitet er seit vielen Jahren in Indonesien an Entwicklungskonzepten im Design von Rattanmöbeln.

Harald Gründl studierte Industrial Design an der Universität für Angewandte Kunst in Wien. 1995 gründete Harald Gründl gemeinsam mit Martin Bergmann und Gernot Bohmann das Studio EOOS, eines der führenden internationalen Design-Büros für Möbel- und Industrial Design mit Kunden wie Alessi, Armani, Bulthaup oder Zumtobel. In letzter Zeit bearbeitet er auch Projekte im Bereich Social Design. 2008 gründete er das außeruniversitäre „IDRV Institute of Design Research Vienna", welches auf Designforschung und Designlehre spezialisiert ist und unabhängige Theoriebeiträge in den Schwerpunktbereichen Sustainable Design und Designgeschichte entwickelt sowie Werkzeuge für die Transformation sammelt.

Josef Scheinast ist seit 2013 Landtagsabgeordneter und Landessprecher der Grünen Wirtschaft Salzburg sowie der grünen UnternehmerInnen in Österreich. Seine akademischen Wurzeln liegen in Germanistik und Geschichte. 1991 gründete er die Wohnwerkstatt GmbH, die seit 2001 ein Klimabündnisbetrieb ist. Seine Arbeit orientiert sich an den grünen Grundwerten, die Organisation fühlt sich als Teil der Grünen-Bewegung, ist aber nicht Teil der Partei.

LAbg. Josef Scheinast, Landessprecher Grüne Wirtschaft Salzburg
Momentan haben wir ein Steuer- und Sozialsystem, das komplett auf dem Faktor Arbeit beruht. Würde man das Ganze umkehren und in erster Linie Rohstoffe besteuern, dann wäre eine Kreislaufwirtschaft sofort wesentlich wirtschaftlicher und interessanter. Solange jedoch Arbeit in diesem Ausmaß besteuert wird und Rohstoffe sowohl bei der Gewinnung, aber auch in der Entsorgung derart wenig kosten, wird weiterhin sorglos produziert, gekauft und entsorgt. Zuletzt wird irgendwann alles bei 600 Grad verbrannt, und die komplette Wertschöpfung geht durch den Rauchfang. Aber das ist alles nicht Kreislaufwirtschaft, sondern die Art und Weise wie wir den Planeten ausbeuten.

Magnus Fischer zu emotionalem Nutzen
Die Fähigkeiten von uns Designern werden dann essenziell, wenn man sich wieder auf den Einzelnen konzentriert. Denn in diesem Zusammenhang spielt der emotionale Nutzen eine große Rolle. Hierzu gibt es z. B. eine Untersuchung eines großen deutschen Handelskonzern. Vorab wurden Konsumenten gefragt, ob mehr Siegel wie Ökosiegel oder faire Mode eingeführt werden sollen. Natürlich fanden alle Befragten das gut. Als jedoch in den Onlineshops mehr Produkte mit Siegeln gezeichnet waren, wurde diese Kennzeichnung bereits nach ein paar Monaten wieder reduziert. Eine erneute Marktforschung hatte ergeben, dass ein Nachhaltigkeitssiegel neben einem Produkt bei den Konsumenten den subjektiven Eindruck eines höheren Preises erweckt. Für den einzelnen Konsumenten kann die aktive Auslobung nachhaltiger Produktionsaspekte daher auch ein Verhinderungsgrund sein. Ein Siegel beruhigt zwar zunächst auf der rationalen Ebene das Gewissen, aber emotional passierte dann eben doch nichts. Und das ist die Herausforderung bei allen Cradle-to-Cradle-Entwicklungen. Es geht darum, einen emotionalen Nutzen für den Verwender sicher zu stellen und das im besten Fall mit Materialien, die einwandfrei sind. Denn allen Diskussionen zum Trotz darf man die Schlange vor den Apple-Stores nicht vergessen. Mit rationalen Argumenten ist das nicht begründbar, sonst dürfte es sie nicht geben. Trotzdem ist das iPhone zweifelsfrei ein Produkt, das funktioniert, das emotional berührt und uns auf gewisse Art und Weise erfreut.
Der senegalesische Philosoph Baba Dioum, hat einmal gesagt: „Wir schützen nur, was wir lieben. Nur das schützen wir, an dem wir uns auch erfreuen." Und genau das ist die Komponente, die wir Designer niemals vergessen dürfen. Produkte müssen emotional berühren und dann glaube ich, funktioniert es auch, ökologisch und sozial einwandfreie Lösungen in den Mainstream zu überführen.

Harald Gründl zur Qualität
Ein Hauptproblem ist, dass unsere Gesellschaft keine Qualitätsdiskussion führt. Wir sind nicht in der Lage „Gutes" vom „Plunder" zu unterscheiden. Wir sind nicht in der Lage, „Lang-" und „Kurzlebiges" zu unterscheiden. Wir sind nicht in der Lage, „Gesundes" vom „Kranken" zu unterscheiden. Dies bezieht sich auf ganz viele Bereiche.

Magnus Fischer Unterschied Langlebigkeit und Qualität
Langlebigkeit und Qualität sollten nicht als Synonyme verwendet werden, da auch die Grenze für Langlebigkeit schwer zu setzen ist. Auch ein nutzerfreundliches Userinterface zeugt von hoher Qualität. Wobei wir hier von einer anderen Art der Qualität sprechen. Wären Produkte so konzipiert, dass dahinter eine Ressourcenkette aufgebaut ist, die es ermöglicht, dass die Materialien tatsächlich zirkulieren und sie nur noch als Träger eine Leistung oder eines Nutzens fungieren, wäre es kein Problem, das Produkt nach einem halben Jahr zurückzugeben. Dann wäre die komplette Argumentation hinfällig und Langlebigkeit kein Streitpunkt mehr.

Katharina Macheiner (Teilnehmerin aus dem Publikum)
Man sollte versuchen, eine positive Sprache zu entwickeln. Endzeit-Wörter sind extrem lähmend, wenn man etwas Neues machen möchte. Außerdem ist es sehr hilfreich, wenn man sich keine globalen Themen vornimmt, sondern die Dinge herunterbricht auf Problemstellungen, die man selber lösen kann, die man in kleinen Paketen vor sich sieht, bei denen man selber das Gefühl hat, dass man durch sein Handeln direkt etwas beeinflussen kann. Weil es natürlich immer schwierig ist, wenn man versucht, ein Problem zu lösen, das solche Ausmaße hat, dass einen das Gefühl überfällt, man möchte gar nicht anfangen.

Auwi Stübbe über Kreislaufwirtschaft oder Untergang
Wir sind sicherlich auf einem Scheideweg, entweder es gibt die Kreislaufwirtschaft oder den Untergang. Das sind die Alternativen. So wie ich das beobachte, funktioniert alles nach dem Prinzip Ausbeutung! Und wenn wir davon nicht wegkommen, und uns zum Prinzip Kooperation hinwenden, dann sehe ich keine Chance. Für den Studiengang und die Studierenden ist es wichtig, sich darin zu sensibilisieren, wo Ausbeutung überall stattfindet, und dazu Alternativen zu suchen, auch im Kleinen. Überall regiert das Prinzip Ausbeutung egal ob Mensch, Tier oder die Umwelt. Wir müssen dagegen mehr den Fokus auf das Prinzip Kooperation setzen und damit Nutzen produzieren, statt um jeden Preis nur Gewinne.

Magnus Fischer über Leuchtturm-Projekte
Das Wissen und die Erkenntnis (über die Nachhaltigkeit) ist bei uns allen vorhanden, es fehlt aber der Schritt, dieses Wissen ins Handeln zu überführen. Es braucht Leuchtturm-Projekte, die vorangehen, die Visionen aufzeigen, um dann eben auch die Kraft dieser neuen Denkweise greifbar zu machen. Eventuell kann man mit Projekten, wie wir sie hier auf der Konferenz gesehen haben, Kritik ernten, weil sie möglicher Weise zu visionär daherkommen. Andererseits sind genau das auch die Leuchttürme, die wir bauen müssen, um zu zeigen, wie schnell eine solche Entwicklung möglich ist. Klar ist der Weg schwierig, aber wenn man sich nicht zumindest die Vision als Ziel nimmt, dann wird nichts passieren. Dann ist es auch nicht abhängig davon, ob es ein einzelner Designer oder ein kleines oder mittelständisches

Unternehmen ist, das handelt. Es müssen sich immer noch mehr Leute finden, die bereit sind, solche risikoreichen Projekte auch anzugehen. Es ist die Aufgabe der Politik hier Rahmenbedingungen zu schaffen, die ein Klima der Innovation und der Experimentierfreude hervorrufen. Denn die Förderbedingungen, die in den letzten Jahren für Innovationsprojekte festgelegt werden, passen gar nicht zur Arbeitsweise eines Designers. Bei klassischen Förderungen muss vorher bekannt sein, was am Schluss dabei raus kommt. Das entspricht aber gerade nicht der Arbeitsweise eines Innovators.

Harald Gründl über Co-Creation
Was es braucht? Da ist Kreativität gefordert, um Alternativen zu bieten zu dem, wie wir es heute tun. Und die Kreativität wird uns nicht ausgehen, ganz bestimmt nicht, vor allem zusammen wird uns die Kreativität nicht ausgehen. Was Co-Creation ist, das werden wir in nächster Zukunft herausfinden. Designerinnen und Designer werden Teil dieser Wandlungsprozesse sein und werden ihre gesellschaftliche Rolle und ihre Bereitschaft dazu überdenken müssen. Dabei sollte versucht werden, Technologien auch in die Zukunft zu denken, nicht alles muss morgen oder übermorgen umgesetzt werden. Gerade an diesem Wendepunkt ist es ganz wichtig, Kreativität und die Möglichkeiten des Designs zu nutzen, um diese Sachen sichtbar und verhandelbar zu machen. Auch um mögliche Zukunftsszenarien aufzuzeigen und der Gesellschaft die Möglichkeit zu geben, zu entscheiden: Das ist eine Zukunft, die finde ich gut, das sind Alternativen, die finden wir gut, aber davor fürchten wir uns. Da hat Design eine wunderbare Rolle, nicht nur eine neue Waschmaschine zu entwerfen, sondern eine ganze Reihe von möglichen Zukünften zu gestalten.

Rainer Kober (Teilnehmer, Unternehmer aus der technischen Porzellanindustrie)
Ein positiver Ausblick: Es ist ganz klar, dass wir als Unternehmer natürlich gestaltend arbeiten müssen, in der Form, dass wir einen Nutzen bieten und zwar einen Nutzen für die Gesellschaft und letztendlich den Verbraucher. Und da sind wir in enger Kooperation mit den Designern und wir haben diese Aufgabe wirklich gemeinsam zu leisten. Das dass, was gemacht wird, eben wirklich den Bedürfnissen des Verbrauchers entspricht und man bereit ist, dafür dann entsprechend zu zahlen.
Die Entwicklungen, die hier angestrebt werden, dies sind keine Entwicklungen, die in System von heute auf morgen umsetzbar sind.
Wenn man rückblickend betrachtet, was hier in dieser Richtung in den letzten Jahren in Gang gekommen ist, dann ist das unglaublich schön. Ich glaube an exponentielle Entwicklung und ich glaube daran, dass das, was hier initiiert wird, einfach nur weitergetrieben werden muss. Und wenn ich so viele jungen Leute mit Engagement und Interesse an der Sache sehe, dann wird mir wirklich nicht bange um die Situation. Das ist ein Credo, von dem ich meine, es muss in die Welt getragen werden.

Interview
Auwi Stübbe

Was bedeutet Circular Economy für Sie?
Für mich bedeutet das sehr viel, ich hab das ja auch mal studiert, und Gott sei Dank hatten wir einen „68er-Dozenten", der hat schon damals immer gesagt: „Jungs, was soll denn das, wo bleibt das am Ende? Ihr müsst kreisläufig denken." Das war der Terminus, kreisläufig denken. Seit dem ist das für mich schon sozusagen ein Lebensthema und deswegen hat es mich sehr gefreut, als wir irgendwann Prof. Braungart entdeckt haben, der gesagt hat, wie es dann wirklich funktioniert mit Cradle to Cradle. Am Anfang war das noch nicht so ganz klar. Insofern bedeutet mir das sehr viel. Und in der Familie haben wir das natürlich immer gepflegt, Abfälle möglichst vermeiden und so, das war einfach normal, ohne dass das überhaupt ein Thema war.

Was sind aus Ihrer Sicht die wichtigsten Gestaltungselemente dafür?
Das wichtigste Gestaltungselement ist auf jeden Fall das Material. Also Material einerseits und das Bedenken der Zerlegbarkeit andererseits, der recycling-gerechten Konstruktion. Dass man das wieder auseinandernehmen kann, das sind für mich die beiden wichtigsten Elemente. Aber es geht ja sehr viel weiter, es geht ja auch um die gesamte Verwendung von Wasser und Energie. Im Kern, wie das Prof. Braungart auch auffasst, ist das Material, die Ressourcenschonung, also die Wieder- oder Weiterverwendung von Material, das eigentlich zentrale Thema.

Wo sehen Sie erste wichtige Schritte?
Ich stehe ja gerade noch unter dem Eindruck des Vortrags von Herrn Gugler (Druckerei), das ist natürlich sensationell, welchen Weg er mit der giftfreien Druckerei geht. Er hat auch schon mit seinem Verfahren für uns in Coburg Magazine gedruckt. Da wird auch immer gesagt, das nutzt doch gar nichts, das kommt doch sowieso in den schon vergifteten Kreislauf rein, und dann verschwindet das, das ist doch marginal. Aber so ändert sich natürlich nichts. Sondern es muss einer den Anfang machen und das wird mehr, selbst große Konzerne sind mit der Umstellung beschäftigt, das beobachte ich ja schon über viele Jahre. Und das ist eigentlich der wichtige Schritt, dass einige Pioniere da sind, und dann wird das nach und nach mehr. Aber, und das ist ganz wichtig, solange der Endverbraucher nicht sensibilisiert ist, bleibt es schwierig. Daran müssen wir alle gemeinsam arbeiten, Tag für Tag!

Interview
Magnus Fischer

Was bedeutet Circular Economy für Sie?
Ich verstehe es immer als neue Wirtschaftsform, in der zum einen Rohstoffe in einer Art und Weise zirkulieren, dass man sie verlustfrei wieder einsetzen kann. Zum anderen ist Circular Economy - als Wirtschaftsmodell gedacht - für mich aber auch eine neue Art und Weise, wie Unternehmen mit Kunden in Verbindung treten. Dieser Kreislauf bezieht sich nicht nur auf das Material, sondern auch auf die Beziehung, die eine Marke, ein Unternehmen mit seinen Kunden hat, denn auch die geschieht dann in einer Art Kreislauf.

Was sind aus Ihrer Sicht die wichtigsten Gestaltungselemente dafür?
Die Gestaltungselemente unterscheiden sich zunächst einmal nicht von dem, was man bei einem nicht-circularen Prozess macht. Auch bei der Circular Economy geht es in erster Linie darum, zuerst den emotionalen Nutzen, den ein Nutzer von dem Produkt oder der Dienstleistung am Schluss hat, herauszufinden, und diesen Nutzen dann über zum Teil ganz neu gedachte Systeme herzustellen. Hierbei muss aber bedacht werden, dass am Schluss der bis jetzt noch nicht existierende Kontaktpunkt, und zwar die Rückgabe des Materials oder des Produktes, zum Ausgangspunkt des Ganzen wird.

Wo sehen Sie erste wichtige Schritte?
Am besten ist es natürlich immer, wenn man Best-Practice-Beispiele hat, also Firmen, die das schon gemacht haben und damit auch tatsächlich wirtschaftlichen Erfolg haben. Da wurden einige Marken heute schon genannt. Und ich sehe natürlich dann Fortschritte, wenn es auch wie hier in einem akademischen Rahmen implementiert wird. In Zukunft werden die Leute, die gerade in der Ausbildung sind und dann frisch den Beruf des Designers, des „Marketeers" oder im besten Fall in einer Schlüsselfunktion alles gemeinsam ausführen, dieses Thema schon in ihrer Ausbildung mitbedenken. Insofern ist diese Form, wie das heute hier stattfindet, für mich schon ein riesen Fortschritt.

Interview
Harald Gründl

Was bedeutet Circular Economy für Sie?
Circular Economy im Design ist, Design systemisch zu denken. Nicht so, wie das oft in Designentwicklungsprozessen läuft, produktbezogen denken und nicht schauen, welche Rolle Design im System spielt. Kreislaufwirtschaft ist die einzig mögliche Form, wie Wirtschaft gedacht werden kann, die Natur ist hier unser Vorbild. Ich denke, meiner kleinen Tochter könnte ich das ganz gut erklären, weil sie sich viele Gedanken dazu macht, wo die Dinge hingehen und was sie da in den Müll schmeißt. Ich denke, dass unser eigenes Verhalten und Bewusstsein als Ausgangspunkt für die nötige Veränderung ist.

Was sind aus Ihrer Sicht die wichtigsten Gestaltungselemente dafür?
Informiertes Design und Kooperation. In der Publikation „Werkzeuge für die Designrevolution" haben wir mit dem IDRV eine Reihe von Inspirationen für den Paradigmenwechsel im Design zusammengestellt.[1]

Wo sehen Sie erste wichtige Schritte?
Anfangen muss man immer beim eigenen Tun. Also wenn man als Designerin/Designer arbeitet, fängt man damit an, dass man sich die richtigen Unternehmen aussucht, mit denen man zusammenarbeiten will, Menschen, die man nicht erst bekehren muss, sondern solche, die schon von der Idee begeistert sind, etwas anders zu machen.

Quellen

[1] IDRV - Institute of Design Research Vienna, Harald Gruendl, Marco Kellhammer, Christina Nägele (Hrsg.): Werkzeuge für die Design-Revolution. niggli Verlag, 2014

Interview
Josef Scheinast

Was bedeutet Circular Economy für Sie?
Ich übersetze es als Kreislaufwirtschaft. Kreislaufwirtschaft in der Theorie wäre rohstoffneutral. Das heißt, die wertvollen Rohstoffe würden wieder und wieder verwendet werden können. Die Natur zeigt uns aber, dass ein Rohstoff sich immer verändert, um wieder verwendet werden zu können, das ist in der Industrie beziehungsweise in der Produktion eigentlich noch nicht so weit. Das funktioniert eigentlich nicht. Aber es wäre ein schönes Ziel.

Was sind aus Ihrer Sicht die wichtigsten Gestaltungselemente dafür?
Ein hoher Preis von Rohstoffen, weil dadurch die Rohstoffe wertvoller werden würden. Also, wir werden natürlich in hundert Jahren oder vielleicht schon früher die Mülldeponien als die eigentlichen Rohstoffquellen der Zukunft betrachten können, aber vielleicht auch müssen, weil viele der seltenen Erden zum Beispiel dort relativ einfach wiedergewonnen werden können. Aber das eigentliche Um und Auf ist sicherlich der Wert der Rohstoffe. Je wertvoller sie sind, desto eher zahlt es sich aus, sie kreisen zu lassen und nicht einfach zu entsorgen.

Also Wert und Wertschätzung?
Wert und Wertschätzung.

Wo sehen Sie erste wichtige Schritte?
Ich sehe sie noch nicht, weil es in der aktuellen Diskussion darum geht, dass Wachstum wichtiger ist als Nachhaltigkeit, und das ist eines der Probleme, welches uns zu den Ideen des anderen Wirtschaftens geführt hat. Also ich sehe sie nicht, aber ich kann mir gut vorstellen, wie die ersten Schritte ausschauen müssten. Aber es geschieht noch nichts.

Wie müssten diese Schritte dann aussehen?
Momentan haben wir sehr viele Steuern auf Arbeit und sehr wenig Steuern auf Material. In Wirklichkeit, würde man das Steuersystem einfach nur so umdrehen, dass man sagt, Rohstoffe und Materialien sind wertvoll, und wir besteuern nicht die Arbeit, sondern die Rohstoffe, dann könnte man sofort den Wert und die Wertschätzung von Rohstoffen heben und das Steueraufkommen könnte gleichbleiben. Das wäre ein sehr einfacher Ansatz, würde zwar einen Paradigmenwechsel bedeuten, aber damit wäre sofort die Entlastung des Faktors Arbeit und die Belastung des Faktors Produktionsmittel erfolgt. Also das wäre eine ganz einfache Methode zum Beispiel.

Definitionen

Der **emotionale Nutzen** eines Produktes bezieht sich auf nicht-materielle Werte und die Beziehung zwischen Kunden und Produkt oder Marke. Die Beziehung ist zumeist beim Kauf nicht ausschlaggebend oder vorhanden, sondern entwickelt sich erst über den Nutzungszeitraum. Produkte mit einem hohen emotionalen Nutzen für den Kunden sind diesem sehr wichtig und sollen möglichst lange erhalten bleiben.

Userinterface, dt.: Benutzerschnittstelle; ist die Stelle oder Handlung, mit der ein Mensch mit einer Maschine in Kontakt tritt und interagiert. Damit eine Schnittstelle für den Menschen nutzbar und sinnvoll ist, muss sie an dessen Bedürfnisse und Fähigkeiten angepasst sein. Im Blick auf die Gestaltung dieser Schnittstelle für die Interaktion zwischen Mensch und Maschine sind Ergonomie und Benutzerfreundlichkeit von großer Bedeutung.

Co-Creation ist eine Form der Wirtschaftsstrategie, die verschiedene Parteien zusammen bringt - zum Beispiel ein Unternehmen und eine Gruppe von Kunden, um ein gemeinsames, beiderseits geschätztes Ergebnis zu erzielen. Dieser Prozess lebt von den Erfahrungen der Kunden, aus denen der Unternehmer Schlussfolgerungen ziehen und lernen kann. Dabei profitieren beide Seiten, da zum einen der Kunde ein Produkt erhält, welches seinen Anforderungen entspricht, auf der anderen Seite profitiert das Unternehmen von der Zufriedenheit der Kunden.

Verknüpfungen

Transformationsdesign
Transformationsdesign ist ein Begriff, welcher von Harald Wenzel und Bernd Sommer geprägt worden ist. Er beschreibt einen neuen interdisziplinären Forschungszweig, der auf der Suche nach sozialen, politischen und gestalterischen Strategien ist, wie sich unsere Wirtschaft und Gesellschaft nachhaltig und zukunftsfähig transformieren könnte.
Die bestehenden Probleme, die diese Transformation überhaupt notwendig machen, sind unter anderem die „zunehmende Zerstörung von Naturressourcen und [...] [der] Hyperkonsum", welcher im Grunde durch „Konsumstress, Freizeitstress, Zeitnot, Burn-Out und Fettleibigkeit"[1] mehr Leid verursacht als Freude zu bereiten. Meist wird nur noch gekauft, ohne zu konsumieren. Eine „[...] wachsende Zerstörung, [...] [die] wachsendes Unglück [erzeugt].[2]

Zudem ist Nachhaltigkeit nicht, wie hauptsächlich erläutert, ein Problem der Technik oder Wissenschaft, sondern ein Soziales: Die Gesellschaft muss sich verändern! Wenn eine Thematik sozial ist, hat sie zudem eine höhere Brisanz.
Der Anspruch, nicht auf Kosten anderer und zukünftiger Generationen zu leben, ist schon ein äußerst sozialer Ansatz. Leider liegt meist die Fokussierung aber noch auf technischen Lösungen von Umwelt- und Nachhaltigkeitsproblemen. Aber Nachhaltigkeit kann nur erreicht werden, wenn an der wirtschaftlichen und sozialen Praxis etwas geändert wird. Deswegen ist eine soziale Transformation wichtig. Dieser Pfadwechsel, der auch mit einer Veränderung der bestehenden Machtbalance einhergehen wird, sollte eingeschlagen werden und das Ganze wird sicherlich keine konfliktfreie Angelegenheit werden.
„Die Herausforderung für ein Transformationsdesign besteht also darin, einem Modus der Vergesellschaftung nachzuspüren, der bei radikal reduziertem Naturverbrauch die Aufrechterhaltung und sogar Weiterentwicklung ebendieser zivilisatorischen Standards ermöglicht. Es geht also nicht um ein „Zurück auf die Bäume" wie Kritiker Umweltschützern mitunter unterstellen, sondern um die Organisation der Reduktion im Kontext moderner Gesellschaften"[3].

Alastair Parvin über Open Source
Architekten und Designer gestalten für das reichste ein Prozent der Weltbevölkerung. Die Herausforderungen für die nächste Generation von Architekten und Designern ist es, für 100 % und nicht nur für das eine Prozent zu gestalten. Am Beispiel städtischer Architektur ist zu erkennen, dass momentan die Einwohner keinen Einfluss auf die Planung haben. Es sollte aber doch eigentlich auf der Hand liegen, dass im 21. Jahrhundert Städte von Bürgern entwickelt werden sollten.

Ein wichtiger Schritt in diese Richtung sind die sich entwickelnden Open-Source-Projekte. In den letzten Jahren hat sich die Open-Source-Community immer weiterentwickelt, nicht nur Software, sondern mittlerweile auch Hardware, also freigegebene Entwürfe, werden einer breiten Masse zugänglich gemacht. Dabei spielt die parallele rasante Entwicklung der 3D-Drucker ebenfalls eine positive Rolle, da diese Technologie mittlerweile für Viele zugänglicher wird. Somit stehen wir an der Schwelle der nächsten industriellen Revolution, in der überall fabriziert werden kann und somit auch jeder das Design-Team sein kann. Könnten daraus nicht Datenbanken, welche „im Besitz von allen sind und jedem zur Verfügung stehen, [entstehen]? Eine Art Wikipedia für Sachen?"[4]
Bisher ging es in ideologischen Konflikten immer um die Frage, wer die Produktionsmittel kontrollieren sollte. Und diese Technologien kommen mit einer Antwort zurück: in der Tat vielleicht niemand, sondern wir alle. Ein Beispiel dafür ist WikiHouse, ein Open-Source-Bausystem, dessen Entwürfe mit Hilfe einer selbstgebauten CNC-Fräse, Spaß und Muskelkraft umgesetzt werden können.[5]

Eigene Learnings
Um die Zusammenarbeit der Handlungsakteure zu stärken, ist Co-Creation eine gute Methode. Co-Creation ist eine Vorgehensweise in Design und Management, welche vorsieht, gemeinsam mit Usern zu gestalten. Diese Methode ist vielen bekannt, wird aber wenig angewandt. Häufig wird auf Grund von Zeitmangel oder fehlendem Verständnis für die User gar nicht nach deren Wünschen und Bedürfnissen gefragt. Für uns ist Co-Creation einer der zentralen Punkte in der Produktentwicklung und sollte Designern, Managern und Unternehmern immer wieder ins Gedächtnis gerufen werden.

Oft wird bei Nachhaltigkeit über Langlebigkeit gesprochen, doch man sollte Langlebigkeit nicht zu sehr verabsolutieren, denn dies ist nicht zwangsläufig gleichzusetzen mit Qualität, und es ist auch nicht so, dass nur langlebige Produkte von guter Qualität sein können. Man sollte stattdessen den Kreislauf beachten, den ein Produkt gehen wird, und wenn alles wiederverwendet werden kann, ist die Länge des einzelnen Lebenszyklus eines Produktes eher nebensächlich.

Dass Probleme in kleinen Schritten gelöst werden sollten, ist unserer Meinung nach von großer Bedeutung. Jeden Tag liest und hört man erschreckende Nachrichten aus aller Welt. Allerdings sollte man sich immer wieder darauf besinnen, die bevorstehenden Aufgaben Schritt für Schritt anzugehen, da das gesamte Ausmaß der Thematik ausgesprochen komplex und vielschichtig ist und für den Einzelnen oder eine kleine Gruppe überfordernd wirken kann. Der Aufruf zur Entwicklung von mehr Leuchtturmprojekten im Bereich Nachhaltigkeit und Cradle-to-Cradle hilft gegen die Lähmung und das Gefühl von Hilflosigkeit. Themen sollten gemeinsam und optimistisch in Gruppen in Angriff genommen werden, um geeignete Lösungen zu bieten und der Welt somit zu zeigen, es geht doch, ohne daran zu verzweifeln.

Text zusammengestellt von Nina Diehl und Izabella Rudics

Quellen

[1] B. Sommer und H. Welzer (2014): Transformationsdesign. Wege in eine zukunftsfähige Moderne. oekom Verlag, München, S. 21.

[2] vgl. Sommer & Welzer (2014): S. 22

[3] vgl. Sommer & Welzer (2014): S. 25

[4] Alastair Parvin, bei TED, „Architecture for the people by the people", im Februar 2013 zitiert in https://www.ted.com/talks/alastair_parvin_architecture_for_the_people_by_the_people, Übersetzung von Anja Grannemann, ab Minute 12:08

[5] Alastair Parvin, bei TED, „Architecture for the people by the people", im Februar 2013 zitiert in https://www.ted.com/talks/alastair_parvin_architecture_for_the_people_by_the_people, Übersetzung von Anja Grannemann, ab Minute 9:40

»Die Kreativität wird uns nicht ausgehen, vor allem nicht, wenn wir zusammenarbeiten!«

»Nicht alles muss von heute auf morgen umgesetzt werden!«

»Wir sind die Gestalter unserer Zukunft!«

»Wir sollten eine positive Sprache entwickeln und uns von lähmenden Endzeitwörtern verabschieden!«

»Wir sollten lösbare Probleme wählen und dann Schritt für Schritt von Problem zu Problem wachsen!«

Circular Design in der Praxis
V Begleitende Posterausstellung

RECYCLING DURCH 3D-DRUCK

REPAIR

Das gesamte Produkt kann werkzeugfrei in seine Bestandteile zerlegt werden. Technische Bauelemente sind so zerlegbar, dass sie bei nicht reparablen Schäden wieder in einen technischen Kreislauf zurück fließen.

REPRINT

Sämtliche Elemente des Gehäuses sind biologisch abbaubar. Die einzelnen Gehäuseteile des Produktes sind so gestaltet, dass sie mit dem 3D-Drucker bei Defekt einfach nachgedruckt werden können. Diese 3D-Daten werden beim Kauf auf einem Datenchip oder als Download miterworben.

REUSE

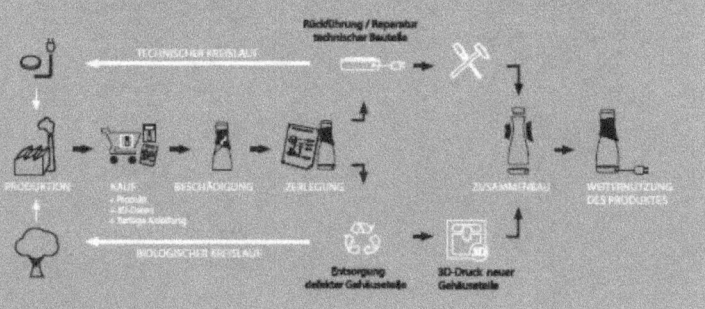

Günther Schunn | DPM-M2013 | Experimentelles Projekt

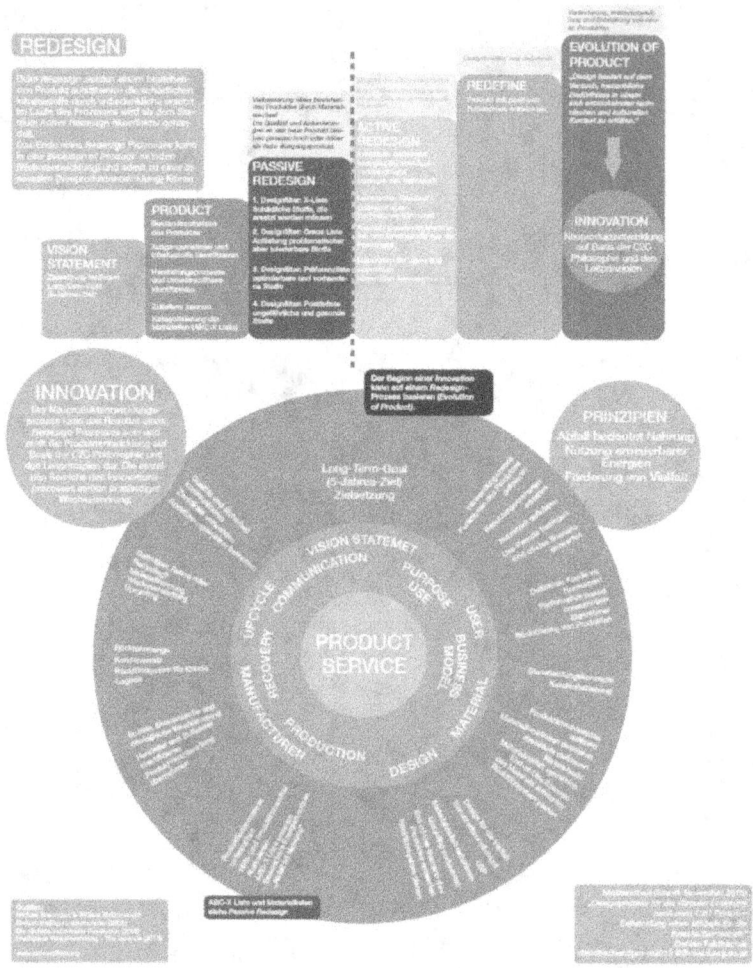

⊚ SIMPLY**CYCLE**
EIN PLANSPIEL FÜR ÖKO-EFFEKTIVES DESIGN

SIMPLYCYCLE ist ein Planspiel, das aktiv Prinzipien und Anwendungen von einer öko-effektiven Designphilosophie schult. Es wurde besonders inspiriert vom Design-Konzept Cradle to Cradle®.

In drei Ebenen mit wachsender Komplexität lernen die Teilnehmer, wie sie die Weichen hin zu einer Kreislaufwirtschaft stellen.

Das Planspiel gibt nicht einfach Antworten. Im Gegenteil, das Hauptziel ist es möglichst viele kreative Ideen für neues Design zu inspirieren.

Ziele und Nutzen:

Das Planspiel fördert Bewußtsein über schädliche Substanzen in alltäglichen Produkten.

Es eröffnet den Spielern neue Denkweisen und die Möglichkeit, einmal "out-of-the-box" zu denken.

Die Spieler können ihr Wissen testen und machen die ersten Erfahrungen mit öko-effektivem Design.

Das Planspiel bereitet die Umsetzung von eigenen Projekten vor.

Eckdaten:

Dauer: 30 Minuten bis 2 Stunden
3-30 Teilnehmer (Teams zu je 3-6 Personen), mehrere parallele Planspiele möglich
Sprachen: deutsch, englisch, holländisch

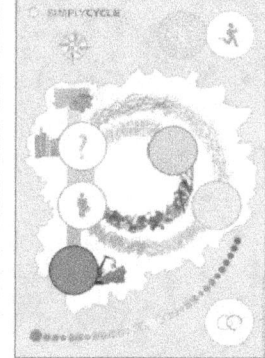

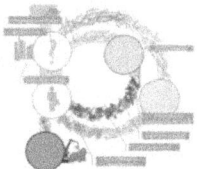
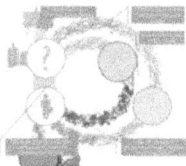
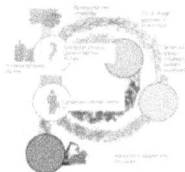

Ebene 1
Der erste Hebel für einen zyklischen Materialfluss

Ebene 2
Einflussfaktoren die einen kontinuierlichen Materialfluss unterstützen

Ebene 3
Das größere Bild erkennen, Verbindungen mit anderen Kreisläufen

Ergänzungen
Nutzen der Öko-Effektiven Produkte und Prozesse

Leonardo da Vinci Project

Simplycycle wurde im Rahmen einer internationalen Kooperation (Leonardo da Vinci Transfer of Innovation Project »Working and learning in the World of Cradle to Cradle« 2011-2013) mit Organisationen aus fünf europäischen Ländern überarbeitet und weiterentwickelt.

Oradea, Romania 2012   Coburg, Germany 2012   Den Bosch, Netherlands 2013

Game Developer: Dr. Sonja Eser
Layout and Design: asigno design
Logo, pictograms and product outlines: Christina Schäfer

⊚ SIMPLY**CYCLE**
Lizenzen und Seminare bei www.sinnen-wandel.de

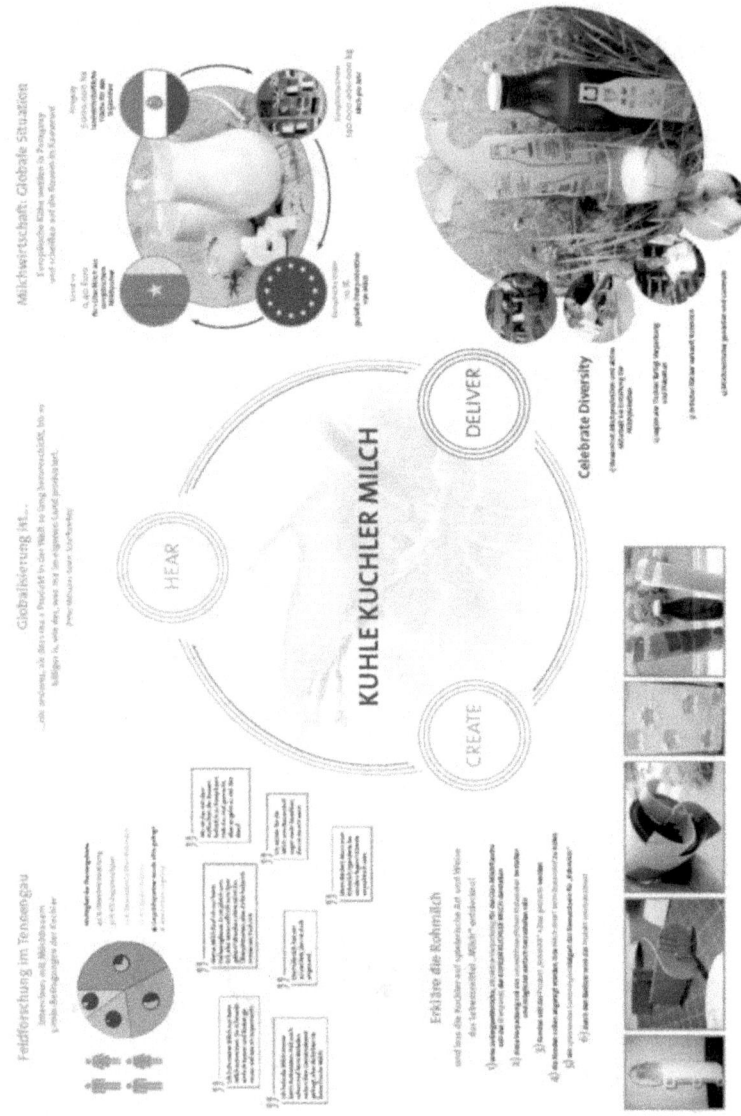

Isabelle Steiner worked on a design and implementation strategy for African developing countries that improves access to drinking water. Therefore she carried out field research in Kenya and lived with the Maasai in order to discover the water situation and their real needs.

The Maasai are a semi-nomadic tribe having no access to electricity or water. They depend on water of lakes which is polluted with human and animal excrements. These pathogens increase the risk of waterborne diseases.

The results of field research proved that the Maasai are well educated about waterborne diseases. Nevertheless they consume contaminated water without any purification because they don't have possibilities of water treatment.

Steiner observed that every Maasai woman uses the same jerry can for water transportation. Originally these jerry cans are used as food packaging for cooking oil. When the jerry cans are empty the Maasai buy it via an existing distribution channel.

The new jerry can - called Water Jerry – enables them to transport water in a more ergonomic way. Additionally, the design of the cap allows to place a black discarded PET bottle inside the canister. A reflecting label increases solar radiation and ensures that the water in the bottle heats up to 65°C within 3 hours. This method is called pasteurization and kills the pathogens in the water.

The jerry can manufacturer imprints icons on Water Jerry that give instructions how to use the product. The upcycling principle adds value to discarded canisters and PET bottles and makes them useable again on a higher level.

Furthermore the new design allows to deliver 33% more products per truck than the original canister does. The satisfaction of all supply chain members' interests ensures that Water Jerry can find its way to the Maasai. The distribution through a self-sustaining system keeps Water Jerry affordable and helps to deliver a maintenance-free product.

Mitwirkende an der Publikation

Herausgeber

Sonja Eser
Sonja Eser ist promovierte Biologin mit Schwerpunkt Umwelt und Ökotoxikologie. Seit Jahren arbeitet sie im Bereich Circular Design - Design für die Circular Economy. Seit der Gründung ihres Unternehmens 2003 bietet SinnenWandel erfolgreich Konzepte, Beratung und Seminare zur Kompetenzentwicklung für zukunftsfähiges Wirtschaften und Handeln an. Von 2010 - 2012 erfolgte Aufbau und Leitung der EPEA Akademie in München zur Vermittlung des Design-Konzepts Cradle to Cradle. Sie entwickelte eines der ersten realisierten Einfamilienhäuser nach Cradle to Cradle. Sonja Eser ist ausgebildet als Cradle to Cradle Design Consultant. Seit 2015 leitet sie die Forschungslinie Circular Design an der Fachhochschule Salzburg Campus Kuchl. www.sinnen-wandel.de / www.circular-design.eu

Michael Leube
Michael Leube ist promovierter Anthropologe. Für die Wiener Zeitung war Leube als Journalist für Umweltschutzthemen tätig. Mit Schwerpunkt in Entwicklungshilfe arbeitete er als Wissenschaftler in Guatemala (1999), Indien und Nepal (2000) sowie Kenia (2001). Von 2000 bis 2013 lebte und arbeitete er als Anthropologe in Madrid und lehrte an den Universitäten Universidad Nebrija, Syracuse University, University of California, Santa Clara University und Saint Louis University. An der Fachhochschule Salzburg forscht Leube seit 2013 an der Schnittstelle von Anthropologie und Design. Seine Überzeugung ist, dass gutes Design an Homo Sapiens angepasst sein muss und deshalb jegliche industrielle Projekte Bezug auf den Menschen nehmen müssen.

Studierende dpm Fachhochschule Salzburg

Alexander Klose
Alexandra König
Amanda Hirscher
Andreas Schröcker
Anna Dettendorfer
Britta Stammeier
Catharina Ronniger
Christina Höck
Christoph Mayr
Daniel Pappler
David Horstmann
Felix Freudenhammer
Florian Kellner
Franzisca Sadlo
Franziska Junker
Hannelore Gastgeber
Hannes Russegger
Izabella Rudics
Jessica von der Brüggen
Teresa Meister
Valentina Auer
Victoria Stehlik

Julia Aubele
Julian Wenzel
Laura Fendrich
Laura Kilian
Lisa Schmid
Lucas Hofstätter
Lydia Zechner
Marlene Arabjan
Melanie Regert
Natalia Martisova
Nina Diehl
Patrick Meier
Peter Postlmayr
Sarah Awender
Sarah Gaier
Sarah Hausleitner
Stefan Tutzer
Stefanie Schmeisser
Svenja Pohl
Tamara Mader
Tanja Friedrich
Tatjana Kanakov

Layout
Izabella Rudics
Laura Fendrich

Korrekturen
Angela Allnoch
Christina Lasser

Veranstalter und Sponsoren

www.ingramcontent.com/pod-product-compliance
Lightning Source LLC
Chambersburg PA
CBHW050056230526
45470CB00004B/1551